El ciclo de vida de la

LOMBRIZ DE TIERRA

Bobbie Kalman

Un libro de la corona de Crabtree

Crabtree Publishing
crabtreebooks.com

El ciclo de vida de la LOMBRIZ DE TIERRA

Autora Bobbie Kalman

Editora Kathryn Smithyman

Diseño Rhea Wallace

Consultora Patricia Loesche, Ph.D., Programa sobre el comportamiento de animales, Departamento de Psicología, University of Washington

Fotografías Shutterstock

Crabtree Publishing

crabtreebooks.com 800-387-7650

Printed in Canada/012025/CP20250101

Published in Canada
Crabtree Publishing
616 Welland Ave.
St. Catharines, Ontario
L2M 5V6

Published in the United States
Crabtree Publishing
347 Fifth Ave
Suite 1402-145
New York, NY 10016

Hardcover: 978-1-0398-6504-4
Paperback: 978-1-0398-6573-0
Ebook (pdf): 978-1-0398-6642-3
Epub: 978-1-0398-6711-6
Audio: 978-1-0398-6774-1
Read-Along: 978-1-0398-6837-3

Contenido

Gusanos maravillosos

gusano redondo

gusano plano

Los gusanos son **invertebrados**, es decir, animales que no tienen columna vertebral. Todos los gusanos son animales **de sangre fría**, lo cual significa que su temperatura corporal cambia con la temperatura del ambiente que los rodea.

Tipos de gusanos

Hay miles de **especies** o tipos de gusanos. Algunos son tan pequeños que sólo los podemos ver con un **microscopio**. Otros son largos como una manguera de jardín. Unos viven en el suelo y otros, en el agua. Los que son **parásitos** viven sobre el cuerpo de otros animales o dentro de ellos. Existen tres tipos principales de gusanos: redondos, planos y segmentados.

gusano medidor

¡Impostores!

Algunos animales se consideran gusanos, pero en realidad no lo son. Algunos tipos de **larvas**, es decir, insectos en etapa de desarrollo, parecen gusanos. Los gusanos de la harina son larvas de escarabajo. Los gusanos medidores son larvas de polilla.

gusano de la harina

Formados por pequeñas partes

Este libro trata del ciclo de vida de la lombriz de tierra. Las lombrices de tierra son gusanos segmentados. El cuerpo de estos gusanos se divide en pequeñas partes que están unidas unas con otras. Los científicos llaman a estos gusanos anélidos. Como tienen el cuerpo segmentado, los **anélidos** pueden girar y doblar al moverse.

Otros anélidos

Las lombrices de tierra no son el único tipo de gusano segmentado. Las sanguijuelas también son anélidos y viven en agua dulce. Otro grupo de anélidos vive en los océanos; son los **gusanos marinos**. Los gusanos con cerdas, los gusanos plumero y los ratones de mar son gusanos marinos.

gusano plumero

sanguijuela

gusano con cerdas

ratón marino

Lombrices por todos lados

Hay más de 2,700 especies de lombrices de tierra. Se encuentran en casi todos los lugares del mundo, excepto en las montañas altas y en lugares con **clima** muy seco o demasiado frío.

¿Cuánto miden?

La mayoría de las lombrices de tierra miden menos de doce pulgadas (30 cm) de longitud.

Unas cuantas especies son muy grandes y se llaman **lombrices gigantes**. En América del Norte se conocen dos especies de lombrices gigantes: la *Driloleirus macelfreshi* y la *Driloleirus americanus*. Ambas crecen hasta tres pies (1 m) de longitud. La lombriz de tierra más grande que se conoce actualmente es la Megascolides australis. ¡Puede crecer hasta 12 pies (3.7 m) de longitud!

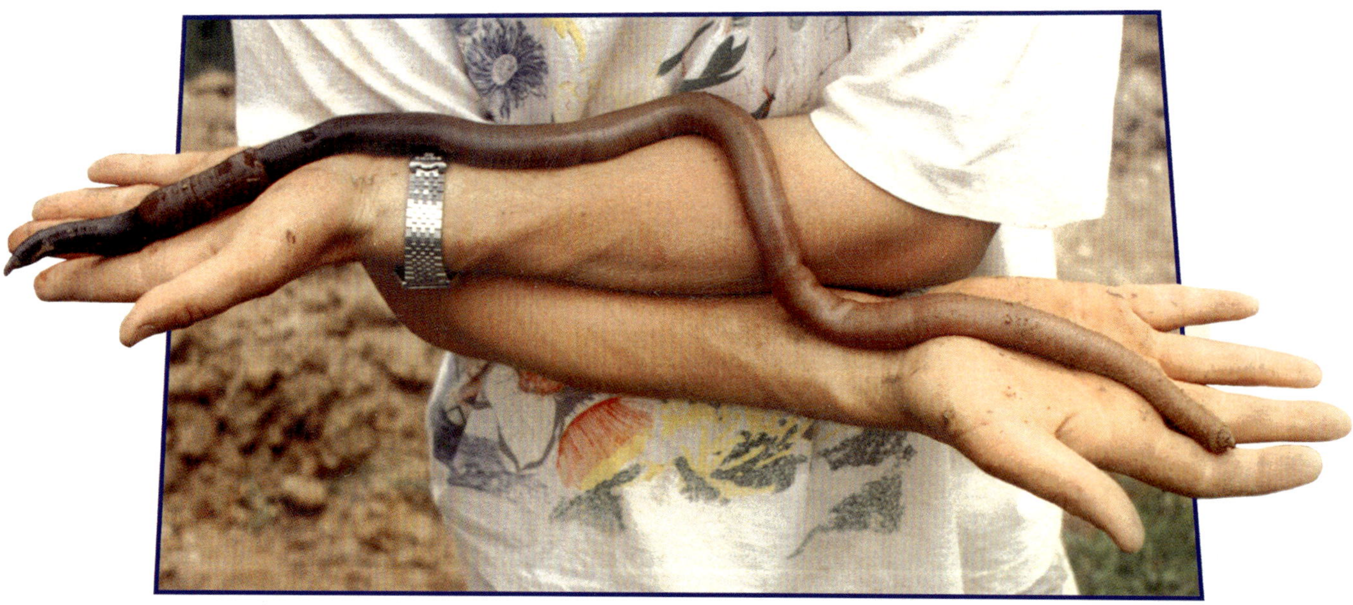

La lombriz de tierra Megascolides australis vive sólo en Australia. La mayoría de las especies de lombrices gigantes viven en climas cálidos. Necesitan mucho espacio para formar su ***madriguera****.*

De lejos lejos

La mayoría de las especies de lombriz de tierra que viven en América del Norte son **especies introducidas**, es decir, especies que fueron traídas desde otro lugar. La mayoría de ellas llegaron en la tierra de plantas que trajeron los primeros colonos europeos.

Especies comunes

Dos de las especies de lombriz de tierra más comunes de América del Norte, la lombriz común y la lombriz roja, son especies introducidas. Las lombrices comunes adultas miden entre tres y doce pulgadas (entre 8 y 30 cm) de longitud. Las lombrices rojas adultas miden entre dos y cuatro pulgadas (entre 5 y 10 cm) de longitud.

Lombrices de tierra comunes

Las lombrices comunes, que son animales de actividad nocturna, se encuentran entre las lombrices más grandes de América del Norte. Cavan madrigueras profundas en el suelo. Estas lombrices son un apetitoso alimento para los **depredadores**, es decir, para animales que se comen a otros animales. También son una carnada popular para pescar.

Lombrices de tierra rojas

Estas lombrices son pequeñas y se conocen también como lombrices del estiércol. Permanecen más cerca de la superficie de la tierra que las lombrices comunes. Cavan grupos de túneles que se extienden hacia los lados y hacia abajo.

El cuerpo de las lombrices

¡Sujétate bien!

El cuerpo de una lombriz de tierra tiene ocho cerdas alrededor de cada segmento. Las cerdas se mueven hacia afuera o hacia adentro. Salen cuando la lombriz debe agarrarse a las paredes del túnel de tierra. Cuando no debe agarrarse, las cerdas se esconden.

El cuerpo de las lombrices parece estar formado por muchos anillos. Los anillos son en realidad segmentos del cuerpo; una lombriz tiene por lo menos cien. El exterior de cada segmento tiene diminutos pelos llamados **cerdas**. Las cerdas **se agarran** o sostienen del suelo a medida que la lombriz se mueve.

Sentidos sencillos

La lombriz de tierra no tiene ojos, oídos ni nariz, pero sí tiene un cerebro muy sencillo. Por medio de las **células nerviosas** puede detectar objetos, luz y **vibraciones**. La lombriz de tierra también tine células nerviosas en el cuerpo que le sirven para sentir por dónde va.

La piel de la lombriz de tierra está cubierta por una capa de humedad. La humedad le ayuda a respirar por la piel. Las lombrices evitan el sol porque les seca la piel.

Dentro del cuerpo de una lombriz

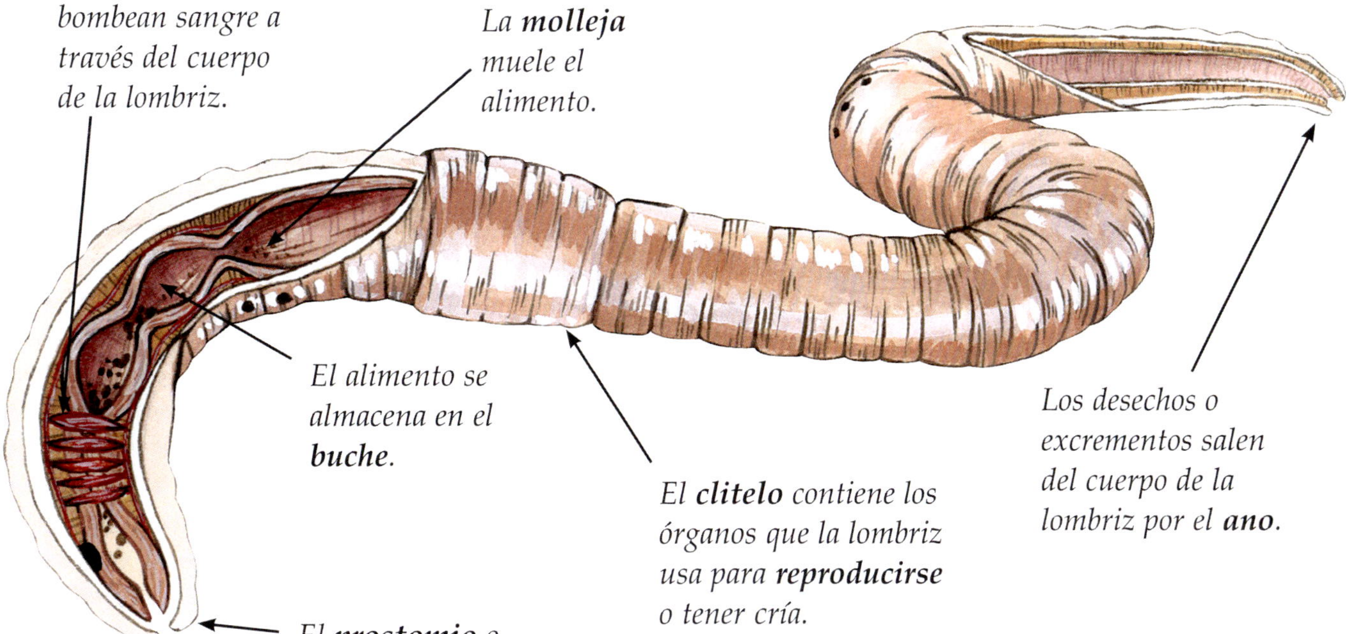

¿Qué es un ciclo de vida?

Todos los animales pasan por una serie de **etapas** o cambios que se conocen como ciclo de vida. Primero, nacen o salen de un huevo. Luego crecen y cambian hasta que se convierten en adultos y pueden tener cría.

Con cada cría comienza un nuevo ciclo de vida. Todas las lombrices de tierra pasan por estas etapas durante su ciclo de vida. Sin embargo, algunas lo hacen más rápidamente que otras, según su **período de vida**.

El período de vida

El ciclo de vida de un animal no es lo mismo que su período de vida. El período de vida es el tiempo en que un animal está vivo. Muchas lombrices de tierra viven entre cuatro y ocho años si las condiciones son buenas: suelo húmedo y tibio, y abundante alimento.

Del huevo a la lombriz

El ciclo de vida de la lombriz de tierra comienza dentro de un huevo. Los huevos de lombriz están dentro de una cubierta protectora llamada **capullo**. Las crías se arrastran fuera del capullo y se meten en la tierra de inmediato. Comen mucho hasta que pasan a la etapa **juvenil**, es decir, hasta que se convierten en lombrices jóvenes. Una lombriz está **madura** o ha terminado de crecer cuando desarrolla sus **órganos reproductores**. Entonces está lista para **aparearse**, es decir, unirse a otro adulto para tener cría. Cuando una lombriz madura pone huevos, con cada uno comienza un nuevo ciclo de vida.

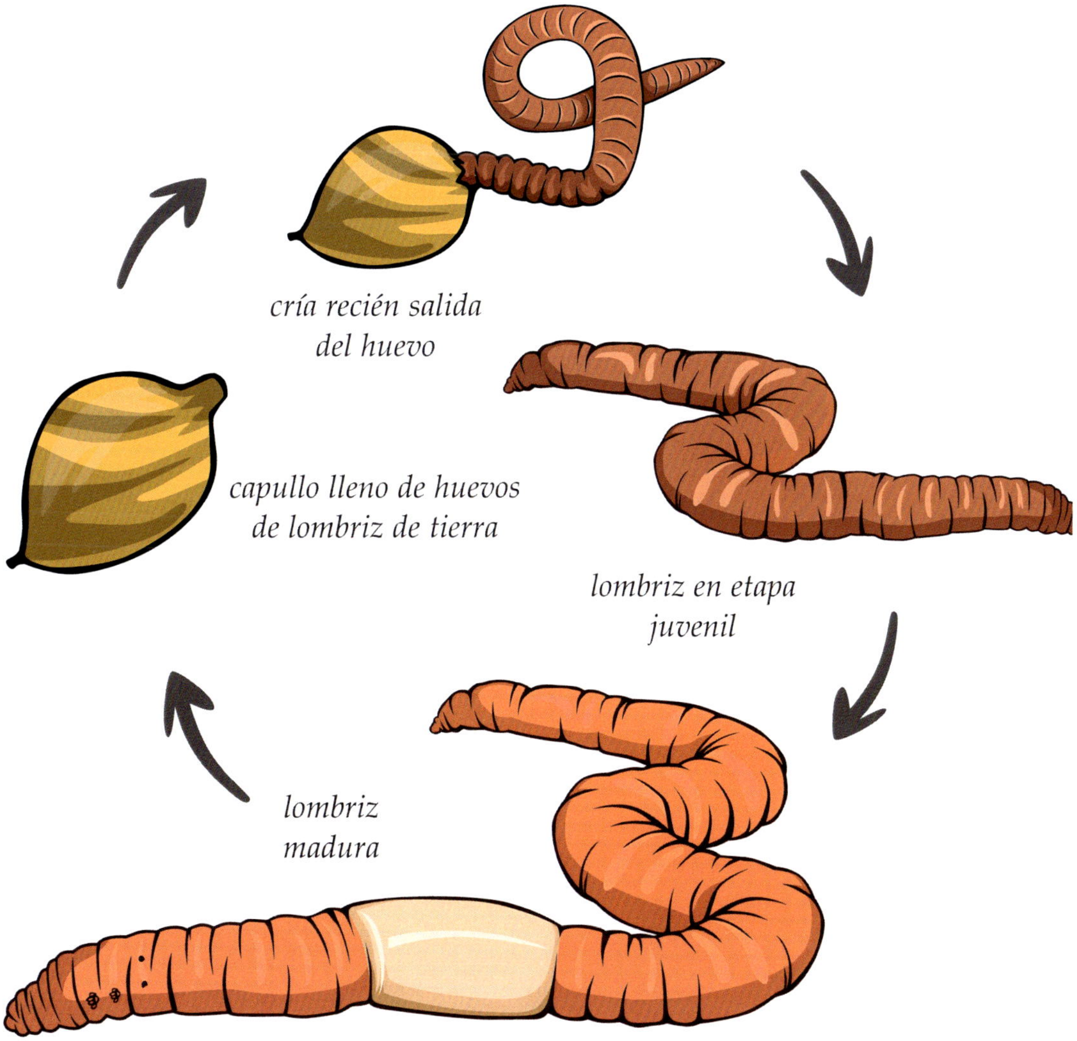

Dentro del capullo

Las lombrices que viven en zonas de clima cálido y húmedo producen capullos todo el año. Cuando el suelo está frío o seco, producen menos capullos. Cada capullo contiene muchos huevos. Los **embriones** de lombriz, que son las crías en desarrollo, pueden necesitar semanas y hasta meses para formarse dentro de los huevos. Los capullos contienen una sustancia blanca y pegajosa que proporciona **nutrientes** a los embriones. Los embriones usan los nutrientes para crecer.

En crecimiento

Aunque cada capullo contiene muchos huevos, sólo algunos embriones se desarrollan completamente. Cuando los embriones están bien formados, ocupan todo el capullo. Entonces están listos para salir del huevo.

La lombriz de tierra adulta no se queda con su capullo para proteger los embriones que éste lleva dentro.

Lombrices del buen tiempo

La cantidad de tiempo que un embrión demora en desarrollarse depende del estado del tiempo. Cuando hace calor y llueve, el suelo está tibio y húmedo. En este tipo de suelo, los embriones se desarrollan rápidamente. En primavera y otoño, cuando el suelo está húmedo, la mayoría de los embriones necesitan cerca de tres semanas para desarrollarse. En invierno y verano, cuando el suelo está seco, se desarrollan más lentamente.

Salir al mundo

Las crías son de color blanco y miden aproximadamente media pulgada (1.3 cm) de longitud. Su cuerpo tiene el grosor de un hilo.

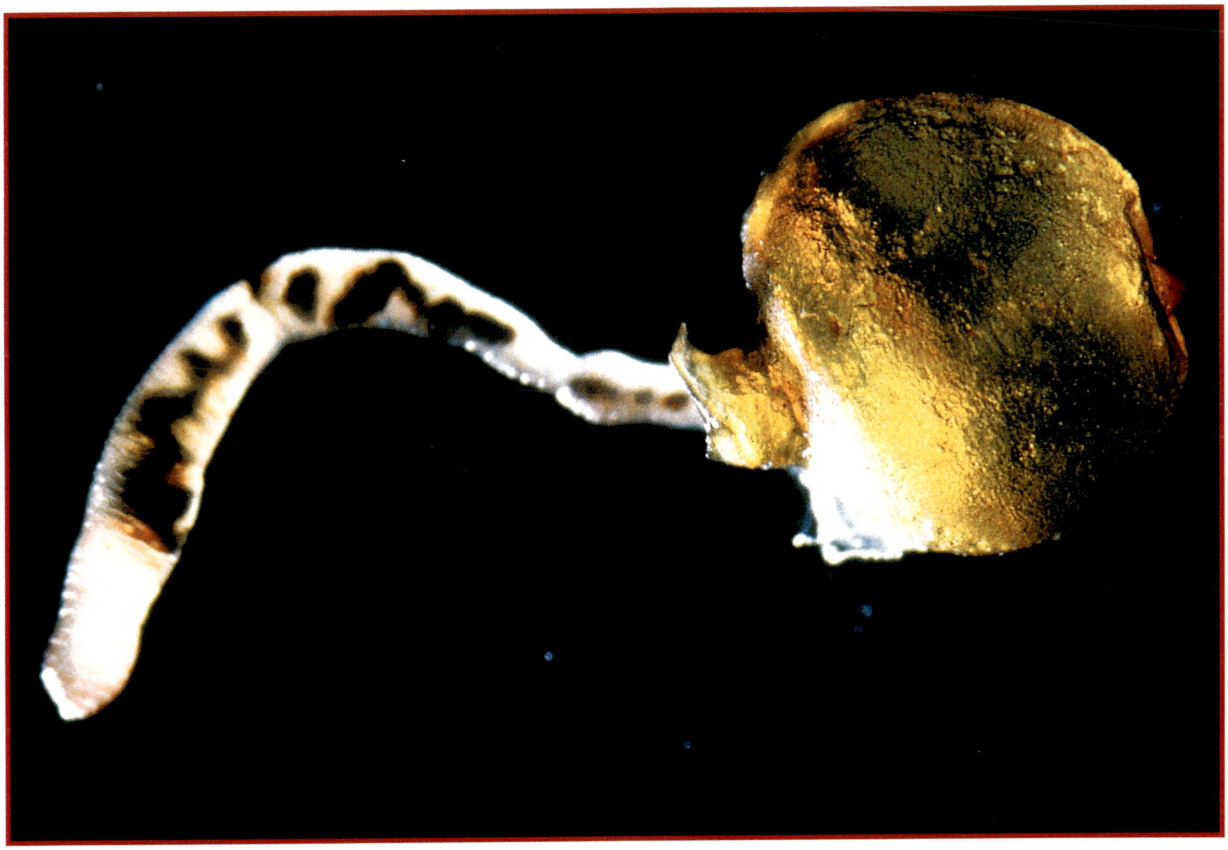

*Esta cría es **transparente**, es decir, se puede ver a través de ella. Las pequeñas secciones oscuras son los corazones, el buche, la molleja y los **órganos** internos.*

Gusanitos

Unas cuantas horas después de abandonar el capullo, la piel de las crías se oscurece y cambia de color. El color varía según la especie. Algunas son rosadas, rojas o moradas, mientras que otras son marrones, verdes, azules, grises o blancas. Todas las crías son muy delgadas.

Más largas y fuertes

Las lombrices que están creciendo se encuentran en la etapa juvenil. La lombriz en etapa juvenil es más pequeña que el adulto. Al crecer, se vuelve más larga y gruesa porque cada uno de los segmentos aumenta de tamaño. A algunas especies les salen segmentos adicionales a medida que maduran, pero la mayoría tiene el mismo número de segmentos toda la vida. Una lombriz en etapa juvenil necesita entre 6 y 55 semanas para convertirse en adulto. Las especies más grandes, como la lombriz común, pueden seguir creciendo y aumentando de peso durante un año.

La lombriz de tierra en etapa juvenil todavía no tiene clitelo.

Convertirse en adulto

La lombriz se convierte en adulto cuando se le forman los órganos reproductores. Entonces puede tener crías. La mayoría de los animales desarrollan órganos femeninos o masculinos, pero el clitelo de la lombriz de tierra contiene órganos de ambos sexos. Los órganos masculinos producen **espermatozoides** y los femeninos producen óvulos.

Según la especie, el clitelo de la lombriz de tierra puede ser blanco, rojo anaranjado o marrón rojizo.

Estas dos lombrices de tierra adultas están intercambiando espermatozoides mientras están juntas.

Lista para aparearse

Una lombriz de tierra no puede usar sus propios espermatozoides para **fecundar** sus óvulos. Debe aparearse con otra lombriz. Cuando está lista para hacerlo, el clitelo se pone anaranjado. Entonces, la lombriz busca a otra de su misma especie.

Los clitelos de ambas lombrices se tocan y se agarran mutuamente con las cerdas. El cuerpo de las lombrices produce una capa pegajosa que les ayuda a permanecer unidas. Luego, intercambian espermatozoides. Después de aparearse, ambas lombrices pueden producir capullos.

Crear el capullo

Después de que dos lombrices se aparean, se forma una delgada capa pegajosa sobre la parte exterior del clitelo de cada lombriz, como se ve en la foto. Esta capa pronto formará un capullo, donde estarán los huevos. La lombriz se mueve hacia atrás para sacarse la capa del cuerpo. A medida que la capa se mueve por el cuerpo de la lombriz, los huevos fecundados se pegan a la superficie interior de la capa. Cuando la lombriz se ha arrastrado fuera de la capa, ésta se cierra y se sella alrededor de los huevos para formar el capullo. Entonces la lombriz se aleja y abandona el capullo. Las lombrices producen un solo capullo cada vez. Para poder hacer otro capullo deben aparearse nuevamente.

Muchos huevos dentro

Cada capullo contiene entre uno y veinte huevos de lombriz. Algunas especies producen tres capullos por año, mientras que otras producen ochenta. El capullo es la única protección que tienen los huevos. Muchos animales, entre ellos algunos tipos de ácaros, se alimentan de capullos de lombriz.

¿Los has visto?

Es posible que hayas visto capullos de lombriz al cavar en la huerta o el jardín. Los capullos tienen el tamaño de un grano de maíz y la forma de un limón. Un capullo recién formado es amarillo y blando. Con el tiempo se oscurece, se vuelve marrón y se endurece.

Más cerca de la superficie

Las especies que viven cerca de la superficie del suelo producen más capullos que las que viven a mayor profundidad. Cerca de la superficie, los embriones tienen poca protección contra el frío y corren el riesgo de congelarse. Además, están en peligro a causa de los depredadores. Al producir más capullos, al menos algunas crías nacerán y comenzarán nuevos ciclos de vida.

Comer de todo

El suelo contiene plantas y **microbios**, que son animales diminutos. También contiene partes de plantas y animales muertos. ¡Las lombrices de tierra se comen todo eso! No tienen dientes, pero tienen músculos bucales fuertes. Usan el aparato bucal, que ves abajo, para tomar pequeños pedazos de alimento. Después succionan el alimento, junto con un poco de tierra y piedras pequeñas, hacia el interior de la boca. La tierra y las piedras se acumulan en la molleja, donde sirven para aplastar y moler el alimento.

Una lombriz de tierra común se arrastra de noche hasta la superficie en busca de alimento para llevar a su madriguera.

A masticar

Las lombrices de tierra son animales **descomponedores**. Descomponen las plantas y animales del suelo comiéndolos y **digiriéndolos**. Las plantas y animales tanto muertos como vivos contienen nutrientes, pero las lombrices de tierra no usan todos los nutrientes que se comen. Su excremento contiene los nutrientes que les sobran porque su cuerpo no los usa. Esos nutrientes pasan a formar parte del suelo, y luego les sirven a otras plantas y animales. Los nutrientes del excremento les dan a las plantas parte de la energía que necesitan para crecer.

Las lombrices de tierra comunes dejan pilas de excremento cerca de la entrada de su madriguera.

¡Cuidado, lombriz!

Los nutrientes que las lombrices comen se almacenan en su cuerpo. Estos nutrientes proporcionan energía a los animales que comen lombrices de tierra. Las lombrices adultas tienen muchos depredadores, como serpientes, aves, topos, sapos, zorros, osos, escarabajos, ciempiés, sanguijuelas, babosas y gusanos planos. Algunos depredadores, como las aves, atrapan a las lombrices cuando las ven en la superficie del suelo, mientras que otros, como los topos, las cazan bajo tierra.

Algunas personas atrapan lombrices para usarlas como carnada.

¡Toc, toc!

Las personas que juntan lombrices de tierra suelen martillar en la superficie del suelo para sacarlas de las madrigueras. Saben que las lombrices van a la superficie cuando sienten la vibración. La tortuga de bosque, que ves abajo, también hace ruidos para atraer a las lombrices a la superficie. Pisa fuerte con la pata o levanta y deja caer el caparazón al suelo para producir un golpeteo.

Un mito sobre las lombrices

Algunas personas creen que si se corta en dos a una lombriz, se convertirá en dos lombrices. Eso no es cierto. La lombriz puede **regenerar** algunos segmentos del extremo de la cola, es decir, esos segmentos le pueden volver a crecer, pero no puede regenerar partes importantes del cuerpo. Para que la lombriz pueda regenerarse, la sección delantera debe contener el clitelo y por menos diez segmentos más. La lombriz no sobrevive si la cortan en dos porque ha perdido partes del cuerpo que necesita para vivir.

Los segmentos recién regenerados de una lombriz pueden ser más pequeños y claros que el resto del cuerpo.

A través del túnel

La lombriz de tierra pasa la mayor parte de su vida haciendo túneles en la tierra oscura. A medida que avanza, mezcla las capas de suelo. Al mezclar la tierra, ayuda a mantenerla sana para que las plantas crezcan.

Músculos para moverse

La lombriz de tierra tiene dos tipos de músculos: circulares y largos. Los músculos circulares rodean el cuerpo de la lombriz dentro de cada segmento. Los músculos largos van de un extremo al otro del cuerpo de la lombriz. Para moverse por el suelo, la lombriz fija un extremo de su cuerpo agarrándose con las cerdas. Luego usa los músculos circulares para estirarse. Por último, los músculos largos tiran de los segmentos estirados para acercarlos.

¡A trabajar!

A medida que la lombriz avanza dentro del suelo, empuja hacia fuera la tierra que está en su camino. Se traga parte de la tierra para tener suficiente espacio para moverse. A medida que la lombriz pasa, su cuerpo deja **mucosidad** o baba en las paredes del túnel. La mucosidad fortalece las paredes para que el túnel pueda usarse de nuevo.

Hacer lugar

Los túneles de las lombrices hacen lugar en el suelo para el aire, el agua y las raíces de las plantas. Las raíces de plantas y árboles pueden crecer a mayor profundidad en suelos que tienen muchas madrigueras de lombriz de tierra. Las plantas con raíces profundas son más sanas que las que tienen raíces superficiales.

La lombriz se puede mover hacia adelante y hacia atrás, pero suele moverse más hacia adelante.

Las lombrices y el estado del tiempo

Algunas lombrices permanecen bajo tierra durante largos períodos, incluso cuando llueve mucho. Pueden sobrevivir durante semanas en la tierra empapada si hay suficiente **oxígeno** en el agua. El oxígeno es un gas que forma parte del aire que respiramos. También forma parte del agua. Las lombrices absorben por la piel el oxígeno del aire o del agua que hay en la tierra.

El levantarse

Cuando llueve, la mayoría de las especies de lombriz suben a la superficie del suelo en busca de alimento. Se mueven fácilmente en la tierra mojada, pero muchas mueren en la superficie, donde son blanco fácil para todo tipo de depredadores.

En lo profundo

Las lombrices son más activas en la primavera y el otoño, cuando el suelo está húmedo y la temperatura está entre 50°F (10°C) y 70°F (21°C). Cuando el suelo está muy frío o seco, no están activas.

¡Demasiado caliente!

Algunas lombrices cavan madrigueras para protegerse de condiciones de calor y sequía. Entran en un período de **estivación** o inactividad. Durante la estivación, la lombriz se enrolla como un nudo y su piel se vuelve de color rosado pálido.

*Una lombriz puede entrar en estivación durante un período de **sequía** o lluvias escasas.*

Brrrr...

Para conservar energía, los sistemas del cuerpo de la lombriz se hacen más lentos en el clima frío. Cuando la temperatura cae por debajo del punto de congelación, la lombriz **hiberna** o entra en un sueño profundo dentro de la madriguera para evitar congelarse. Si la lombriz se congela, muere.

El mundo de las lombrices

Afortunadamente, la mayoría de las especies de lombrices prosperan en todo el mundo. Sin las lombrices, los suelos no estarían sanos. Las plantas que crecen en suelos con pocas lombrices no son tan resistentes como las que crecen en suelos con abundantes lombrices. Sin embargo, debemos ser conscientes de que muchas actividades de los seres humanos ponen a las lombrices en peligro. Cuando los granjeros aran la tierra a mucha profundidad o con demasiada frecuencia, pueden destruir las madrigueras de las lombrices. Muchos granjeros y jardineros también usan **pesticidas** en las cosechas, las huertas y el césped. Los pesticidas son productos químicos que matan insectos. En la mayoría de los pueblos y ciudades se rocían pesticidas en parques y otros espacios abiertos. Cuando se mezclan con la tierra, los pesticidas se convierten en parte del alimento que las lombrices comen y les pueden causar la muerte.

Qué problemas tan gigantes

Algunas especies de lombrices están en peligro de extinción, es decir, en peligro de desaparecer de la Tierra. Algunas pueden **extinguirse** pronto. Los animales extintos ya no viven en ningún lugar de la Tierra. Las especies de lombriz gigante son las que corren mayor riesgo. Desde 1985 nadie ha visto lombrices Driloleirus macelfreshi, y desde 1978 no se han visto lombrices Driloleirus americanus. Las especies gigantes necesitan mucho espacio para cavar túneles y no sobreviven cuando su hogar se reduce de tamaño o se elimina. Tanto en los Estados Unidos como en Australia, las tierras en las que viven las lombrices gigantes se están despejando para destinarse a la agricultura y la ganadería. Las lombrices gigantes también se ven perjudicadas por los pesticidas y la **contaminación** del agua cerca de las granjas y ranchos.

Penas de gusanos

Los gusanos que viven en el agua, como los gusanos marinos, las sanguijuelas y otros gusanos de agua dulce, también resultan perjudicados por la contaminación del agua. Cuando arrojamos sustancias químicas a los océanos, lagos, ríos y lagunas, muchos animales marinos, como el gusano plumero que ves a la derecha, corren peligro de morir. Con el tiempo, las sustancias químicas penetran en el suelo cercano y afectan también el **hábitat** de la lombriz de tierra.

Cómo ayudar a las lombrices

Puedes ayudar a las lombrices y a otros tipos de gusanos manteniendo el medio ambiente limpio. Es importante comenzar en tu propio jardín, escuela y vecindario. Habla con tus maestros, familiares y amigos sobre cómo evitar la contaminación.

Puedes comenzar recogiendo desperdicios en tu zona. Al reducir la cantidad de desperdicios evitas que la basura, que puede ser nociva para los gusanos, permanezca en el suelo y llegue a ríos y lagos.

Minicompactadoras de basura

Puedes ayudar a reducir la cantidad de basura que tu familia produce usando algún método para hacer compost. El compost se forma por la descomposición de material de plantas y alimentos. Si se usan lombrices de tierra para crear compost, el proceso se llama **vermicompostaje**. Algunas lombrices de tierra, como las lombrices rojas, pueden vivir en lombricarios y comer restos de frutas, verduras, sedimento de café, pasta y cáscaras de huevo. No se debe poner carne en un compostador. Las lombrices se deben alimentar una o dos veces por semana. Después, el excremento de las lombrices se puede usar como abono para las plantas de la casa o la huerta. Ese abono contribuirá a que las plantas crezcan y se mantengan sanas.

A ver lombrices

Si deseas ver lombrices de cerca, todo lo que necesitas es una pala. Puedes buscar lombrices debajo de montones de hojas, en pilas de compost y en la huerta. Si buscas los excrementos, sabrás dónde estuvieron las lombrices. ¡Ten cuidado de no lastimarlas con la pala!

¡Apaguen las luces!

Otra manera de buscar lombrices es salir con una linterna después de que ha llovido. Ilumina la hierba mojada del jardín o el parque. Si caminas con cuidado e iluminas con la linterna rápidamente, podrás encontrar una lombriz antes de que se vuelva a ocultar en la tierra.

Aprende más

Una de las mejores maneras de ayudar a las lombrices de tierra es aprender más sobre ellas y sobre cómo contribuyen al medio ambiente. Puedes descubrir más sobre las lombrices visitando este sitio Web:

- www.urbanext.uiuc.edu/worms_sp/index.html

Glosario

Nota: Es posible que las palabras en negrita que están definidas en el libro no aparezcan en el glosario.

ano Abertura del cuerpo de un animal por la cual salen los desechos

células nerviosas Células especiales sobre el cuerpo de un animal y dentro de éste, que le sirven para detectar lo que lo rodea

clima Estado del tiempo de una región a largo plazo; comprende la temperatura, la lluvia y el viento

contaminación Conjunto de materiales nocivos, como residuos o basura, que pueden ensuciar el agua, el aire y el suelo

digerir Descomponer el alimento

espermatozoide Célula reproductora masculina que se une al óvulo de la hembra para formar una cría

fecundar Agregar espermatozoides a un óvulo para que forme una cría

hábitat Lugar natural en donde vive una planta o un animal

madriguera Túnel subterráneo

microscopio Aparato que produce una imagen grande de un objeto diminuto a través de una lente

nutriente Sustancia natural que ayuda a los animales y plantas a crecer

órgano Parte del cuerpo que se usa para una función, como digerir el alimento

órganos reproductores Partes del cuerpo de un animal que le sirven para tener cría

vibración Sonido creado en el suelo por movimientos en la superficie de la Tierra, como pasos o lluvia

Índice